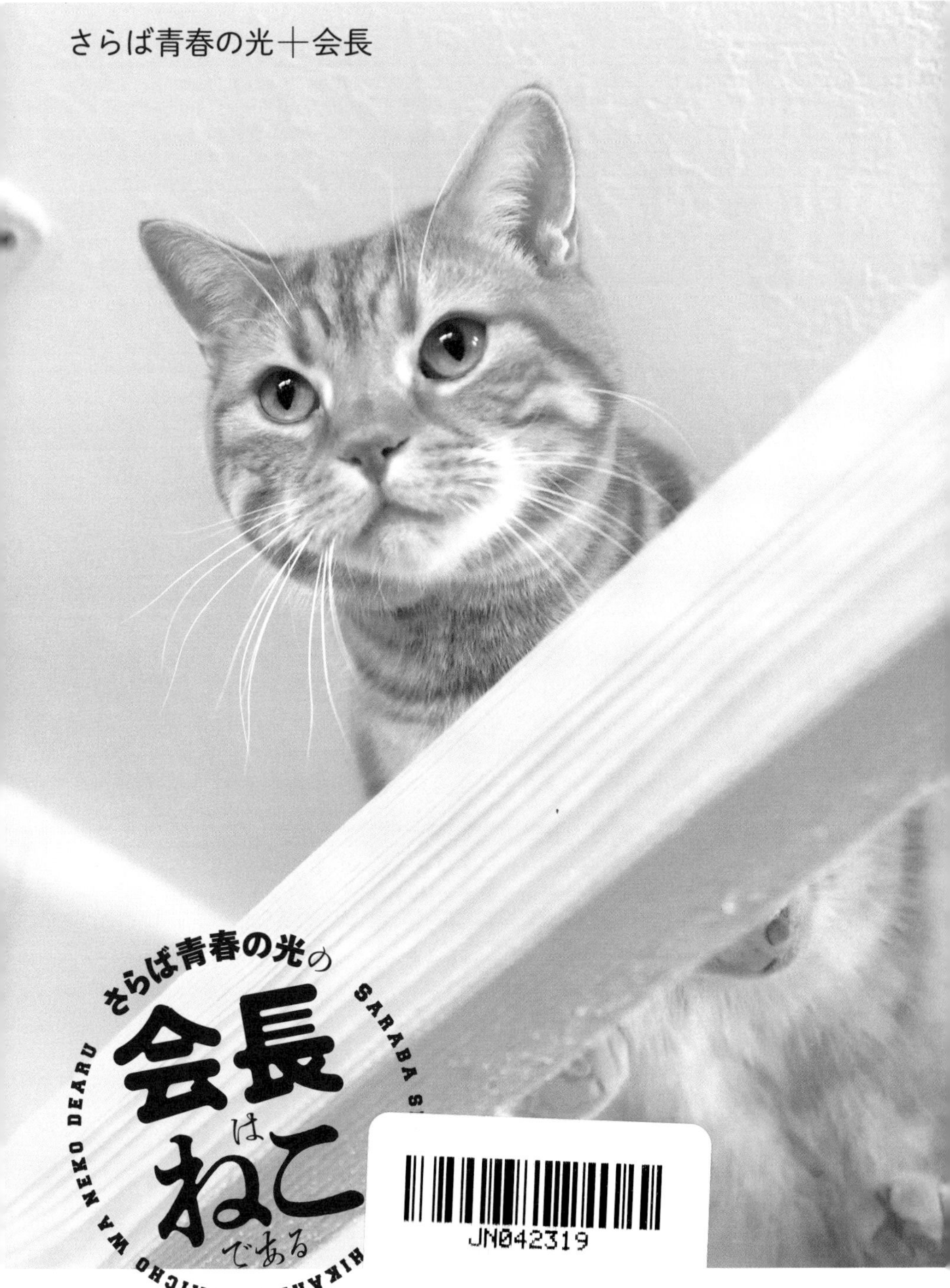
さらば青春の光＋会長
さらば青春の光の
会長はねこである
SARABA SEISHUN NO HIKARI NO KAICHO WA NEKO DEARU

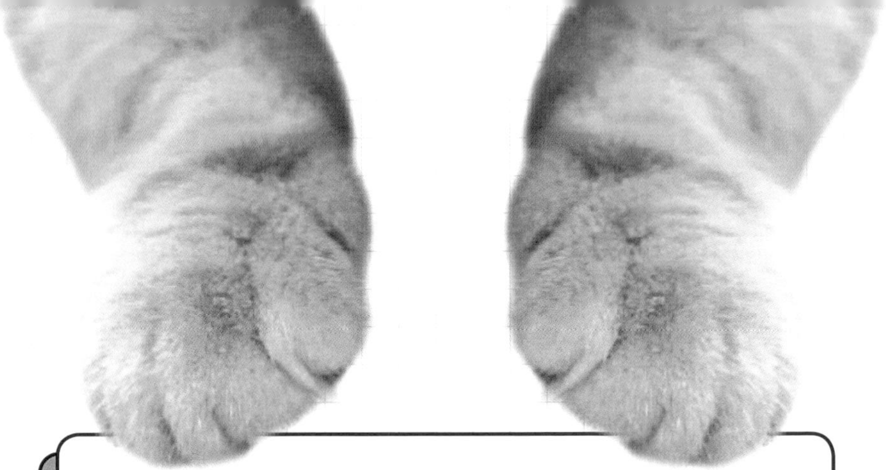

株式会社 ザ・森東

会長 **会 長**

〒141-0031
東京都品川区西五反田1-4-8
秀和五反田駅前レジデンス1409
TEL：03（6450）4443

Instagram：@morihigashi_kaichou
2017年10月26日生まれ

character

わたくしこういう者です

お笑いコンビ「さらば青春の光」の個人事務所「ザ・森東」。
会長は、2017年12月24日に入社したマンチカン（4歳♂）です。
名前負けしない風格《ふうかく》を漂《ただよ》わせています。
キリッとした顔つきと、かわいい手足が魅力的です。

Instagramのフォロワーは3万人以上!!
「さらば青春の光Official YouTube Channel」や、
サブチャンネル「五反田ガレージ」「裏さらば」でも
その姿を拝むことができます。

眠《ねむ》そうなときも、
堂々として見えます。

おやつを前にすると、
なぜか幼くなります。

character

株式会社 ザ・森東

専務 **専 務**

〒141−0031
東京都品川区西五反田1−4−8
秀和五反田駅前レジデンス1409

TEL：03（6450）4443

2021年4月23日生まれ

2021年6月入社の新人子ねこ（8ヶ月♀）。

雑種（はちわれ）の保護猫です。

性格はとにかくやんちゃ。
怖いもの知らずで、
会長にも容赦《ようしゃ》なく突っかかります。

YouTubeチャンネル
「五反田ガレージ」にて、
入社する様子や
日々の会長との働きぶりを
見ることができます。

名前は夫人、
顧問という候補もありました。

株式会社 ザ・森東

社長 **森 田 哲 矢**

〒141-0031
東京都品川区西五反田1-4-8
秀和五反田駅前レジデンス1409

TEL：03(6450)4443

所属タレント「さらば青春の光」でもあります。

フィンランド発のスポーツ・モルックでは、日本代表として活躍《かつやく》(2019年)！

会長からの信頼も厚いです。

株式会社 ザ・森東

副社長 **東 ブ ク ロ**

〒141-0031
東京都品川区西五反田1-4-8
秀和五反田駅前レジデンス1409

TEL：03(6450)4443

所属タレント「さらば青春の光」でもあります。

軽いねこアレルギーですが、現在は

「愛猫飼育スペシャリスト」資格取得に向け勉強中です(2021年10月時点)。

第1話 勤務開始

いっちょ儲《もう》けるか
㈱ザ・森東《もりひがし》
会長《かいちょう》
今日も
威厳《いげん》たっぷり

よろしく

キリッ
こちらは専務《せんむ》

さらば青春の
乃木坂46
筒井

仕事の前に
まずはひと研《と》ぎ

おもちゃ箱点検中
ふむ
ネコが入ってます

現場に合流
amazon
ネコが入ってます

2匹の実務《じつむ》です

部下優先

第2話 上司VS部下

会長は
ネコブラシが
気になる
ようです
オレの
肉球と
同じ色…
忍び寄る
刺客《しかく》…
そろ…
とりゃ
!?
顔から
いかれる
会長

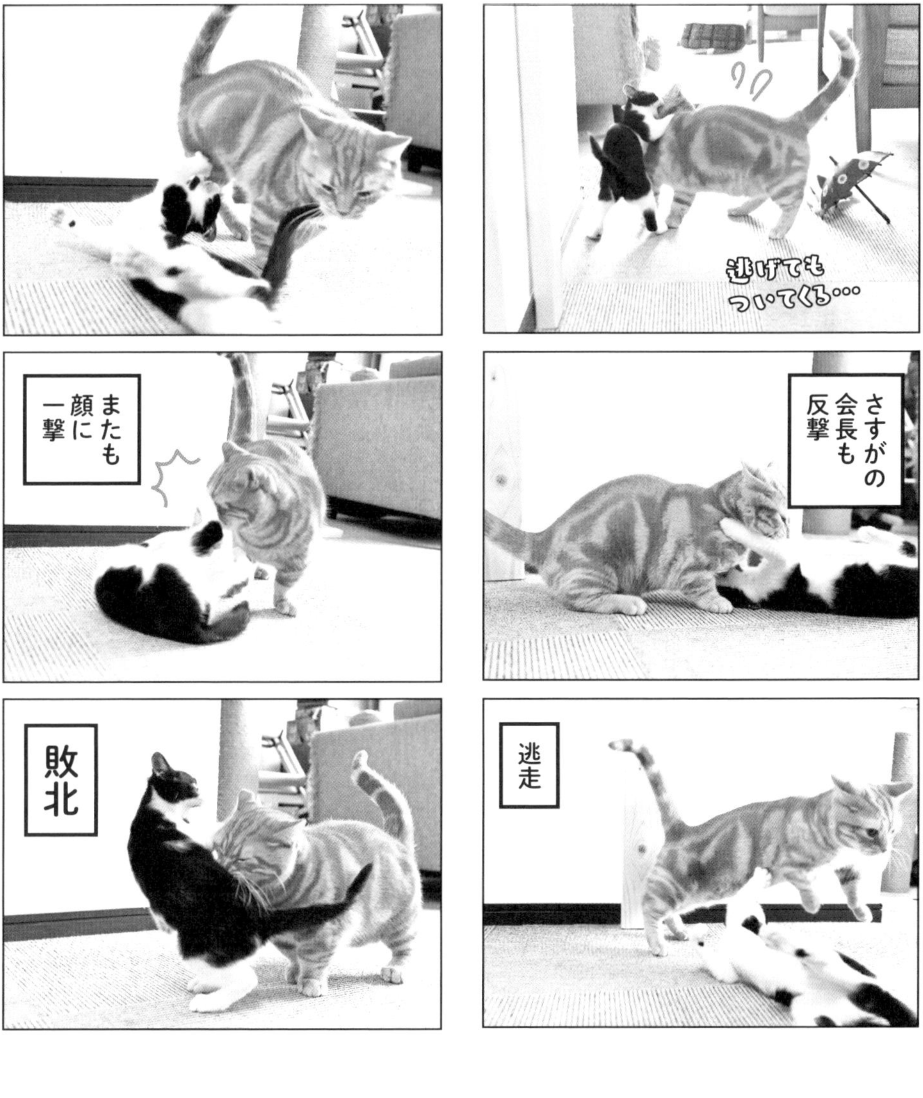

逃げても
ついてくる…
またも顔に一撃
さすがの会長も反撃
敗北
逃走

会長やられてばっかりやん…

敗北した会長
ソファの陰から恨《うら》めしそうに見ています…
ジー
?

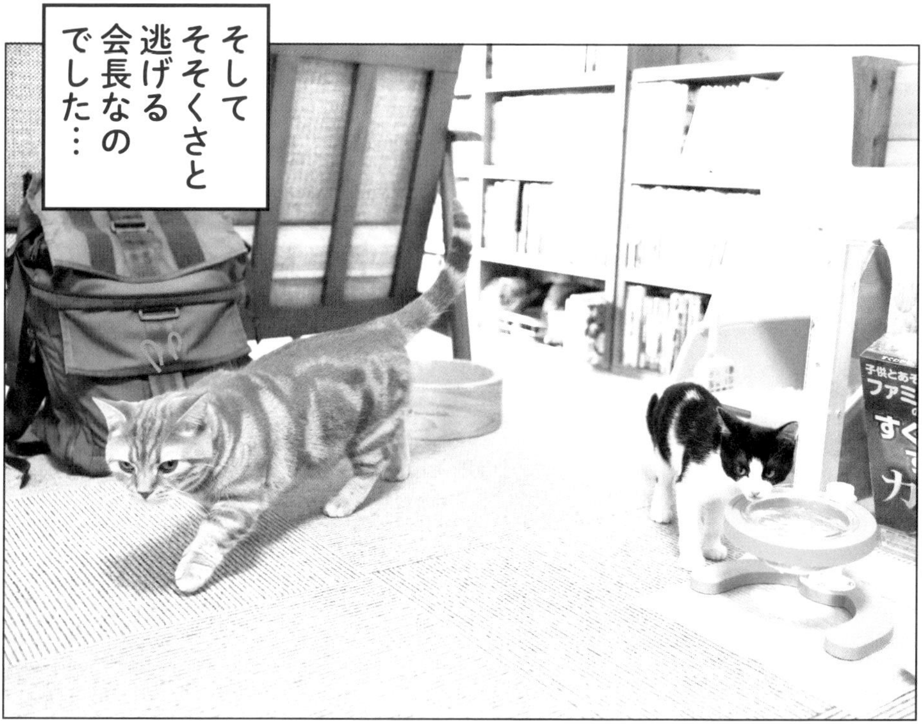
そして
そそくさと
逃げる
会長なの
でした…

一方その頃、専務は…

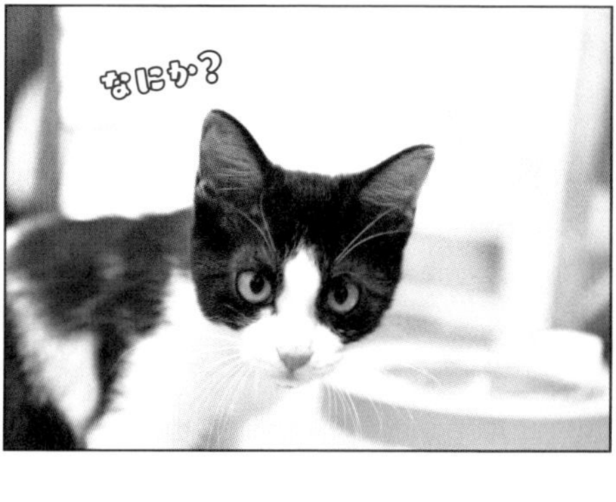
なにか?

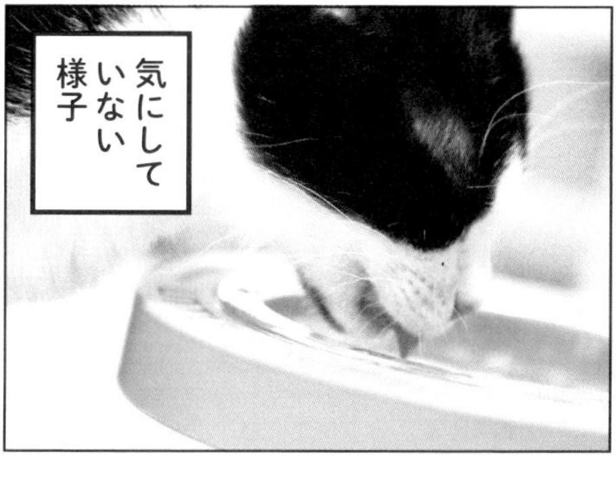
気にして
いない
様子

第3話 会長の指導

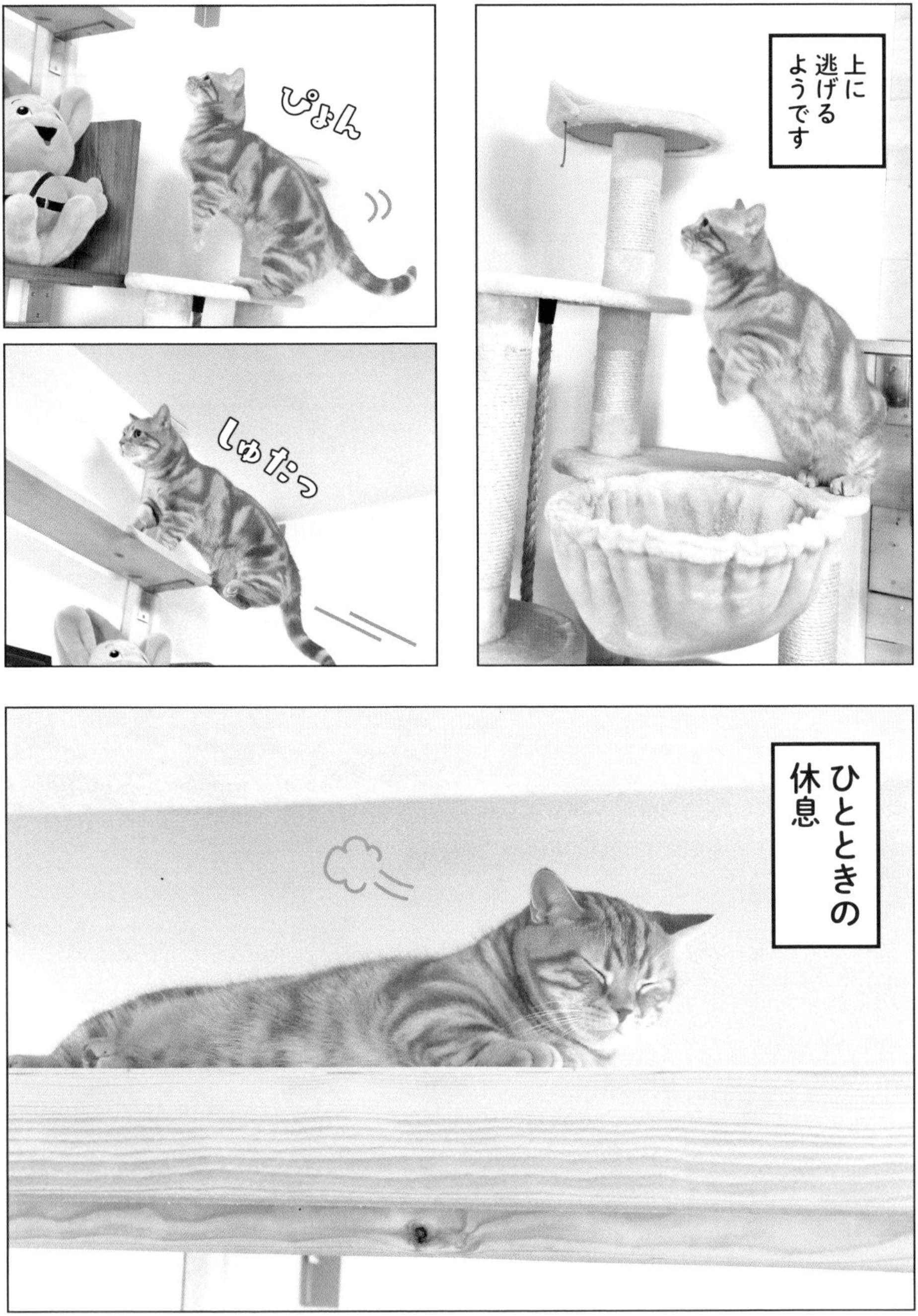
上に逃げるようです
ぴょん
しゅたっ
ひとときの休息

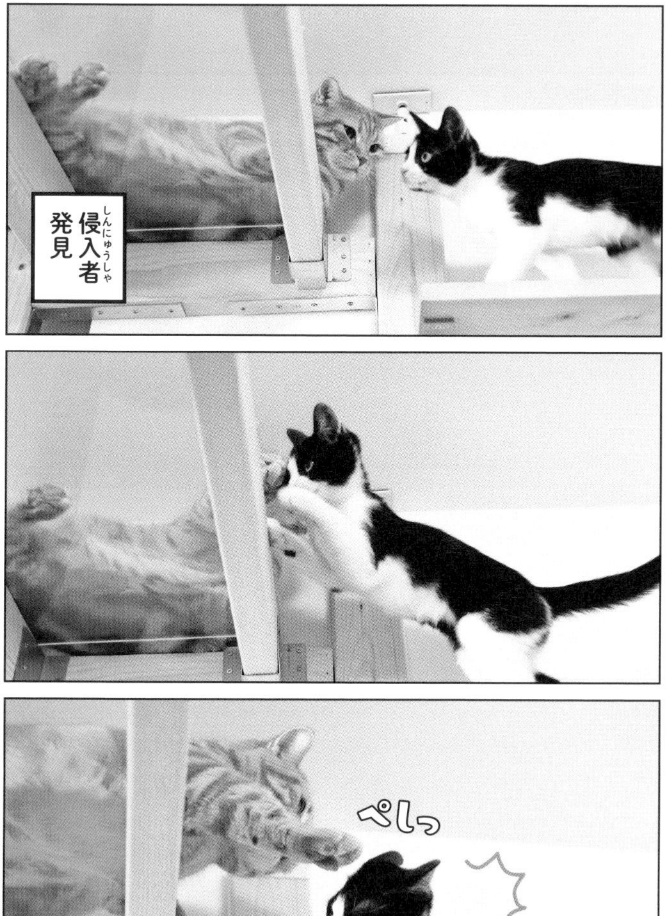
侵入者《しんにゅうしゃ》発見
ぺしっ
ノックもせず入ってはいけません

第4話 息の合う2匹

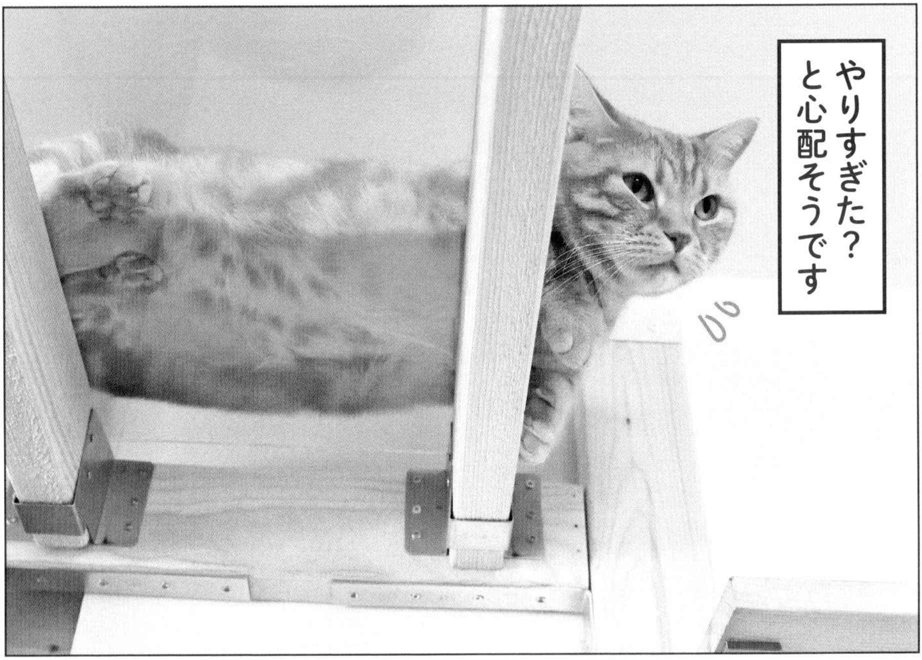
やりすぎた？
と心配そうです

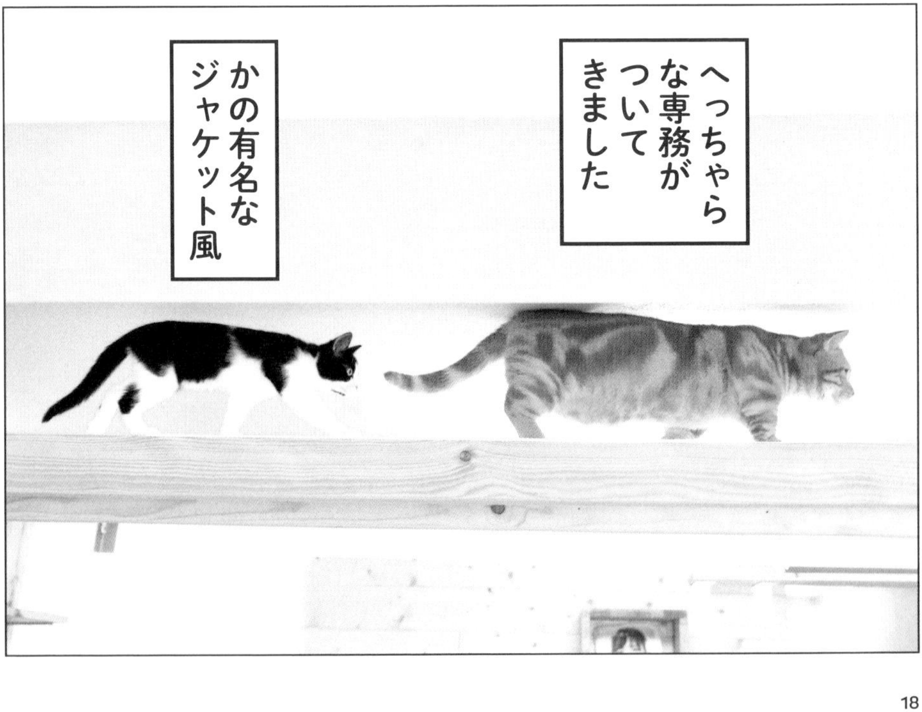
へっちゃら
な専務が
ついて
きました
かの有名な
ジャケット風

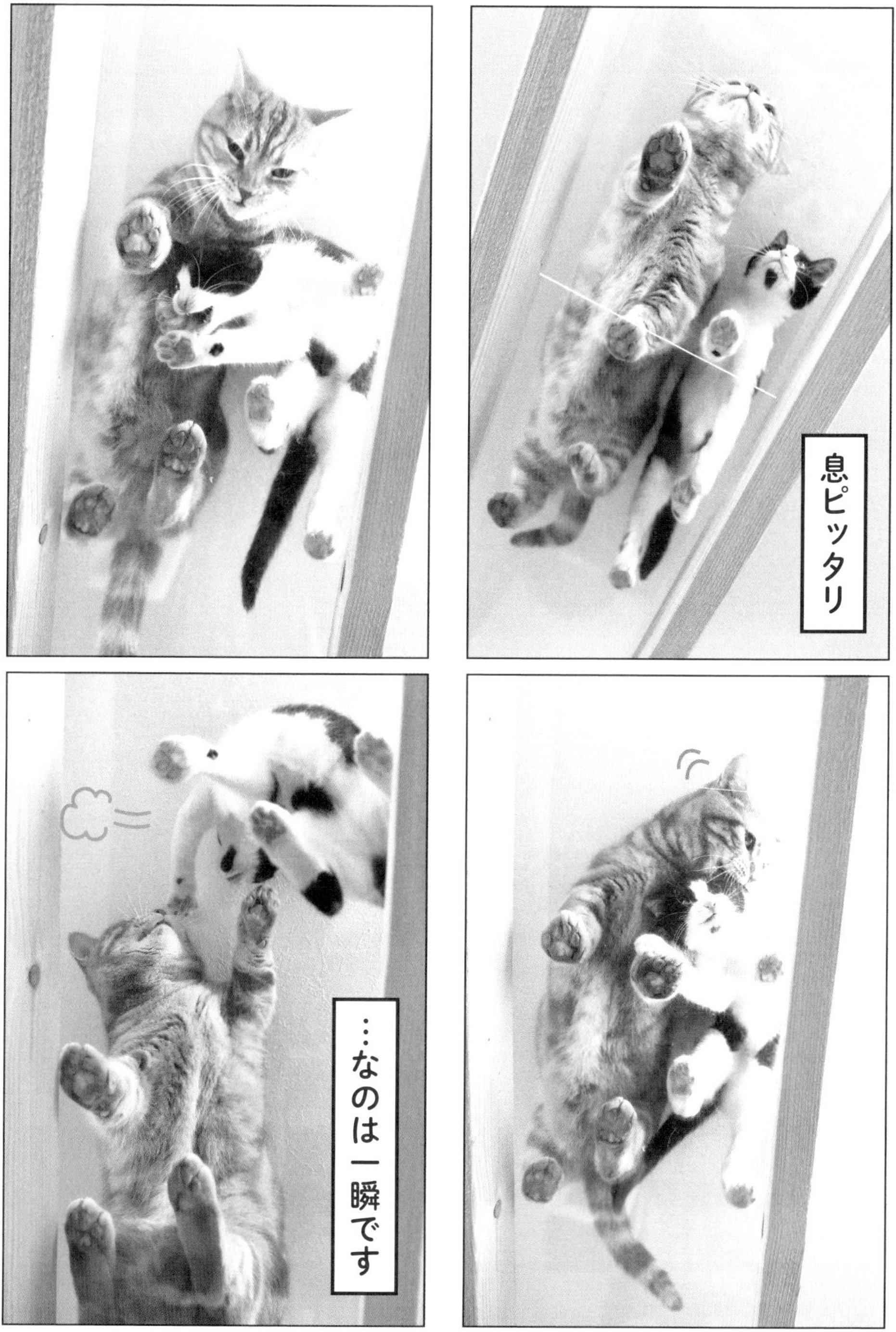
息ピッタリ
…なのは一瞬です

ツッコミを入れる専務
ビシッ
新コンビ誕生

宣《せん》材《ざい》写真はコレで決まり！

第5話　物思いにふける会長

その体型で
意外に身軽やな!

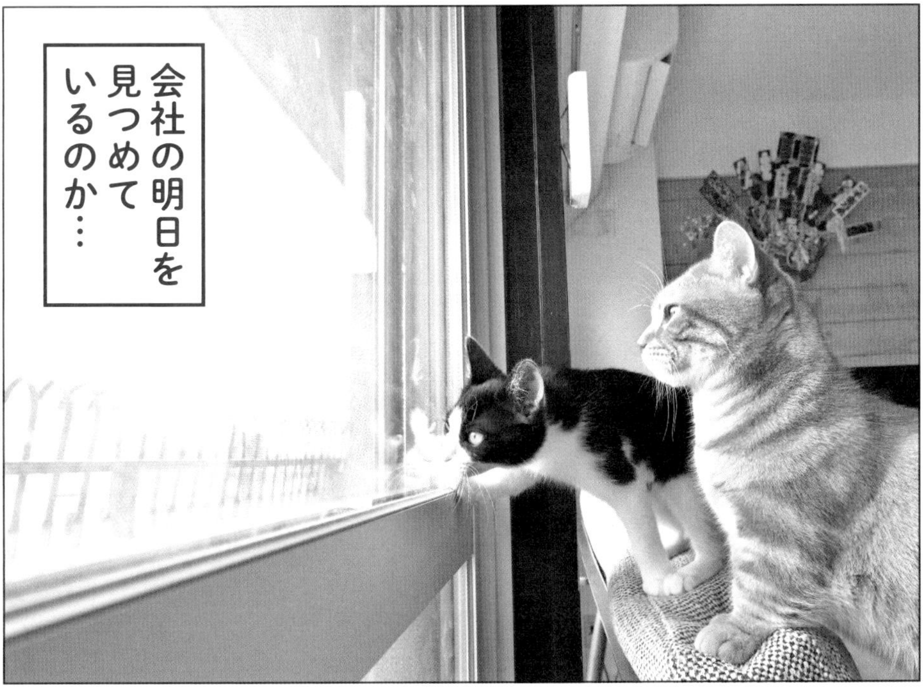
会社の明日を
見つめて
いるのか…

第6話 やんちゃな新人

若いな

第7話 奇《き》妙《みょう》な行動

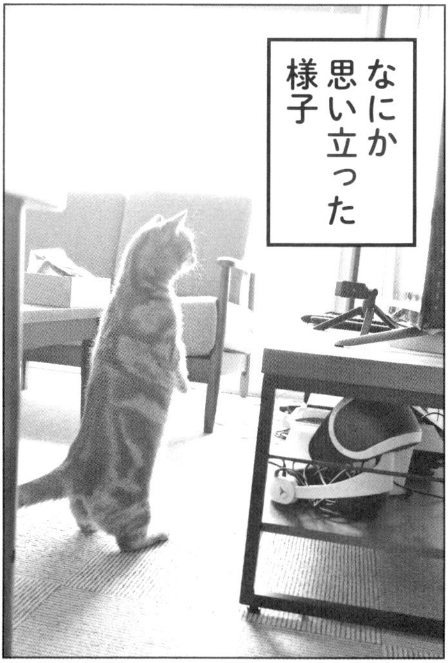
なにか
思い立った
様子

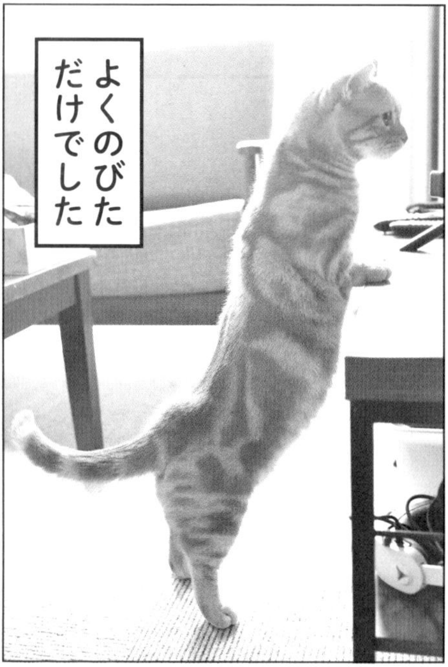
よくのびた
だけでした

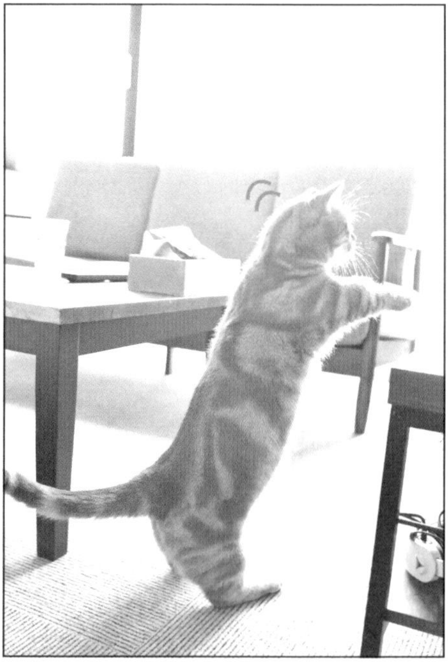

あれ！
1.5倍なった!?

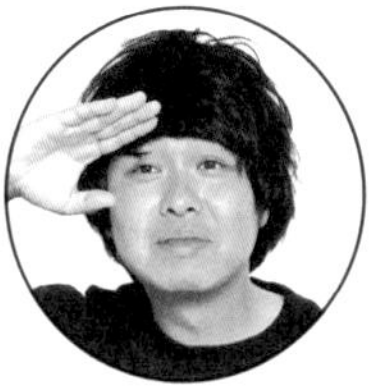

固まる
会長

飛び出し
注意

会長のお気に召した場所

ハンモック

なんかおる…

紛れていたのは…
「鼓《こ》舞《ぶ》する人」でした!!
さらば青春の光のコント
「予備校」にて、生徒の鼓舞を
生《なり》業《わい》とする人物です。

あれ?
会長が
鼓舞する側?

キャットタワーの
最上階

専務がきてからは、
場所を取られています。

ちょっと会長には
酸素
薄かったんかな?

第8話 おやつに目がない

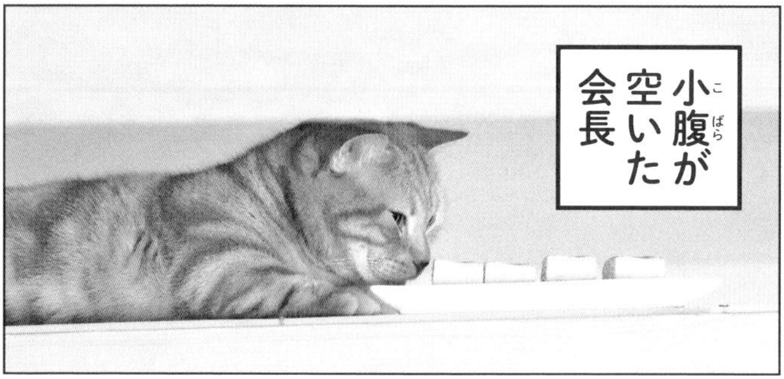
小腹《こばら》が空いた会長

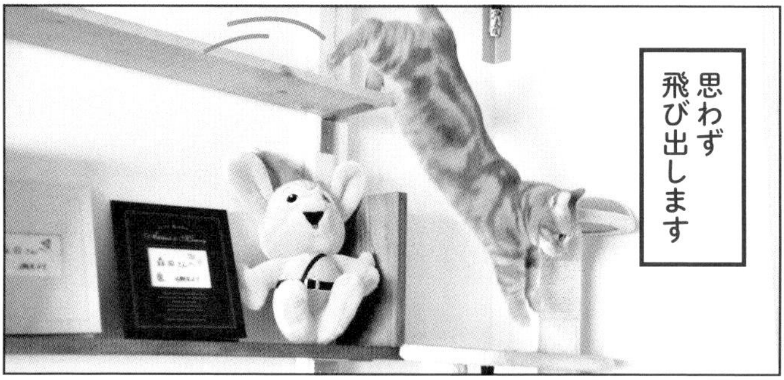
思わず飛び出します

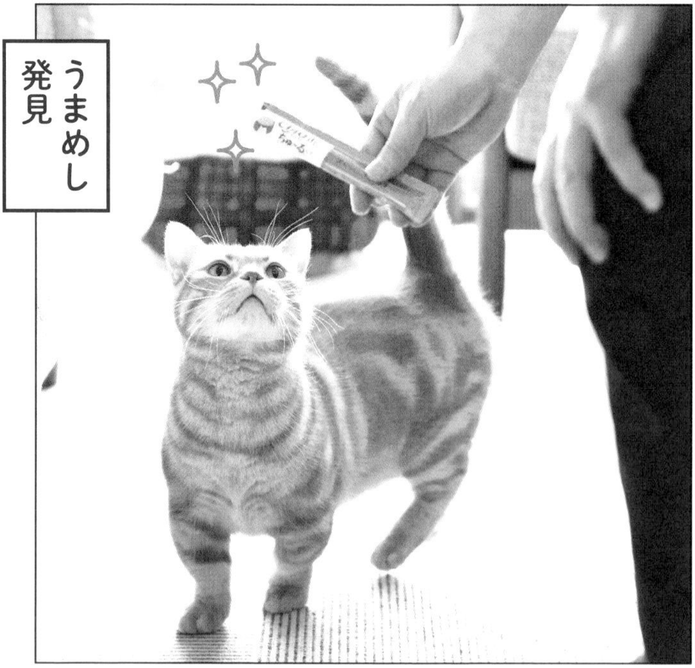
うまめし発見

俺の手であげたことないなぁ

第9話 会長は昼寝をしたい

やめてくれ

やれやれ

遊び足りなそうです

第10話 目覚めると神社

よーい
どん！
遊び場に
なりました

第11話 撮《と》れ高《だか》を確認

撮れ高を気にする会長

チェックは入念に

入念に…
※パソコンのコードです

ときどき狂《きょう》気《き》的《てき》な専務

猫をかぶったりもします

第12話 片付け?

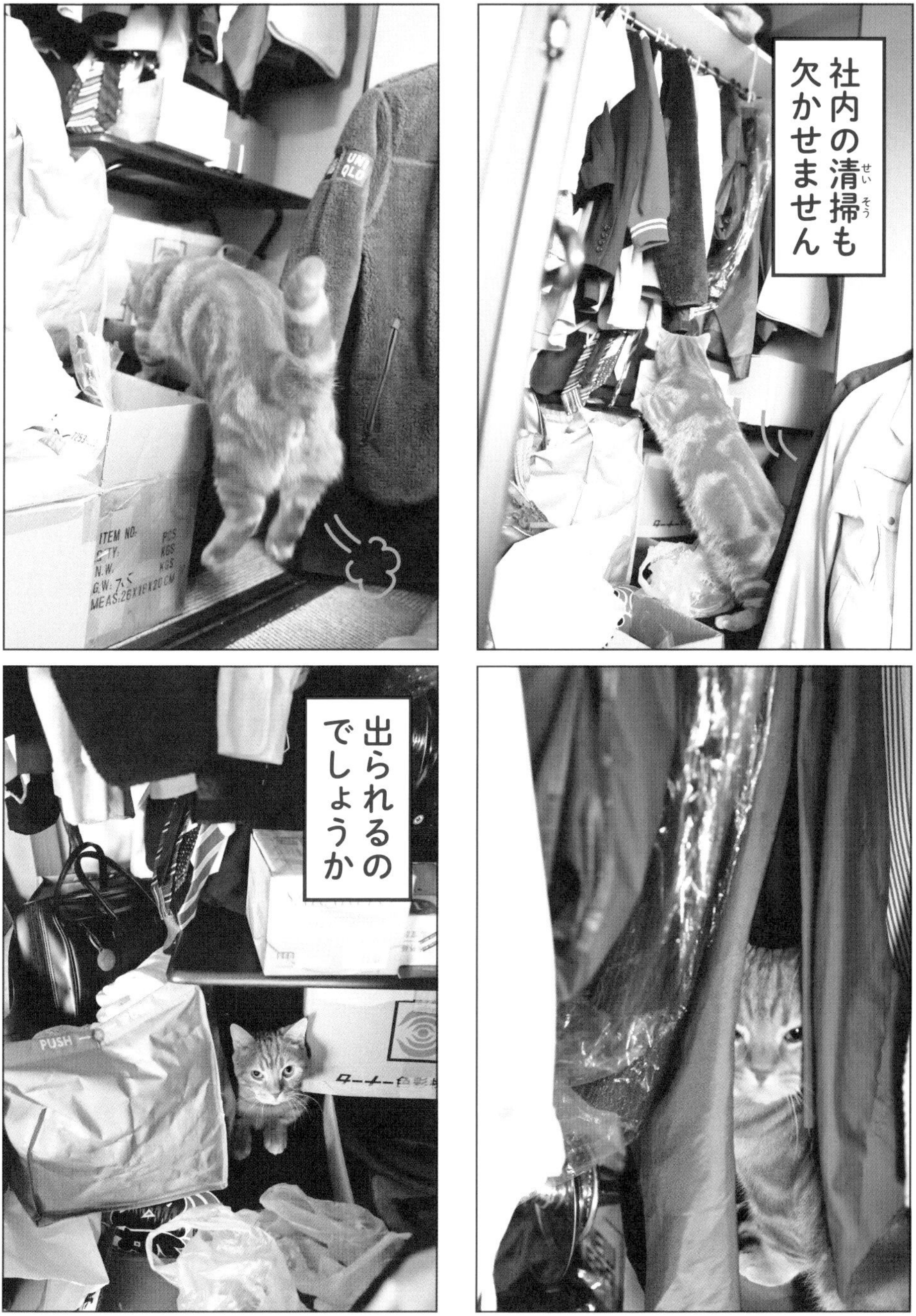
社内の清《せい》掃《そう》も欠かせません
出られるのでしょうか

ごみ発見！
おてんば専務！
掃除《そうじ》のジャマばかり

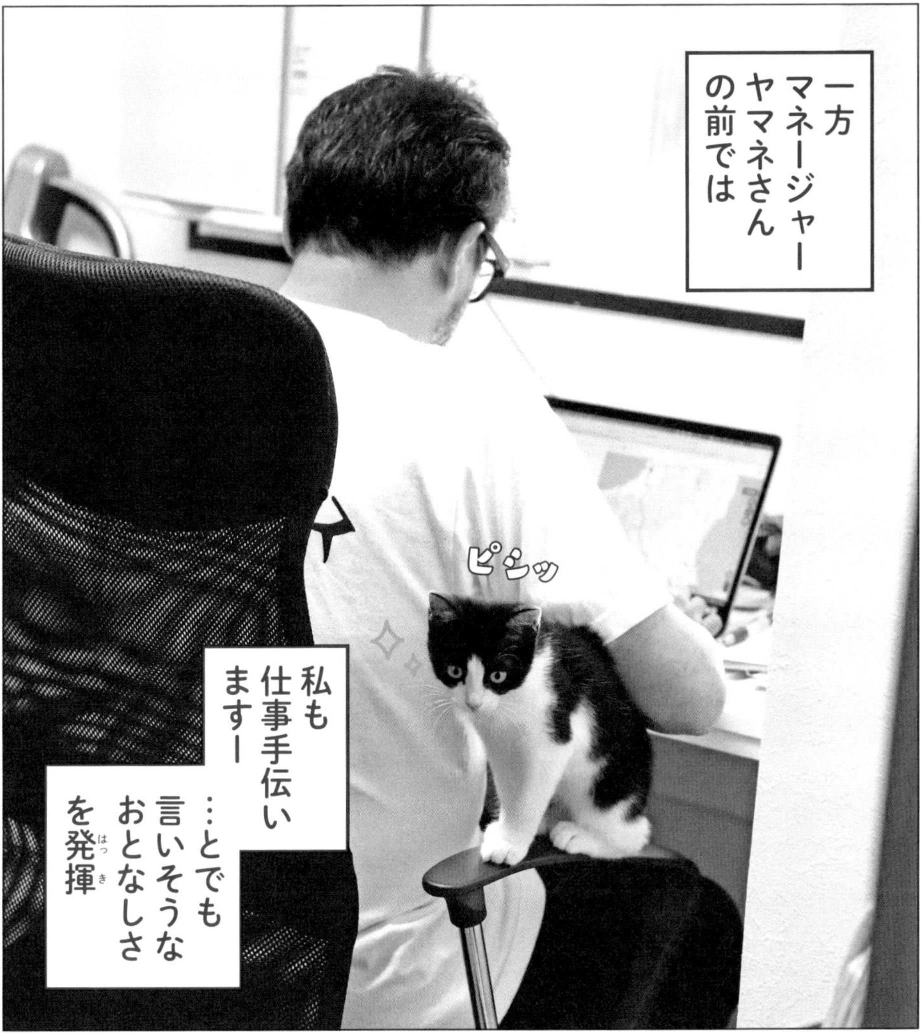
一方マネージャーヤマネさんの前では
ピシッ
私も仕事手伝いますー
…とでも言いそうなおとなしさを発揮《はっき》

若干《じゃっかん》引いてます

ねこ重《じゅう》役《やく》のレアな瞬間

ブラッシングで昇天《しょうてん》…

熱心な毛づくろいの末に白目!?

綺麗《きれい》好きですね！　会長！

洗面台を
器用《きよう》に歩く専務。
さすが、ねこ!

…と思った瞬間
すでに
落ちており

無茶《むちゃ》なマネをして
よく失敗するのが専務です…。

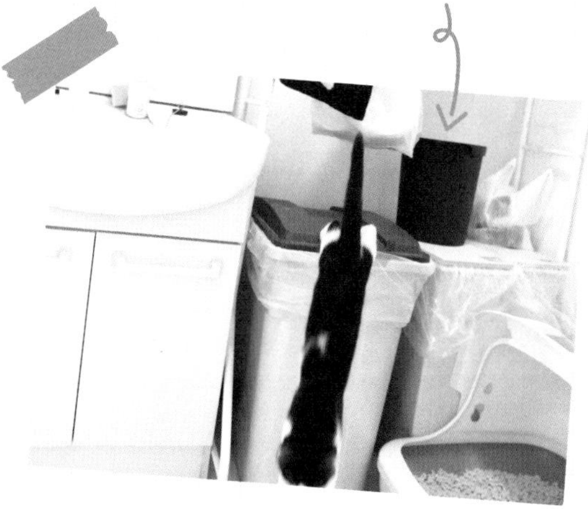

怪我《けが》だけは
気をつけて
くださいね!

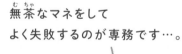

第13話 お出かけ

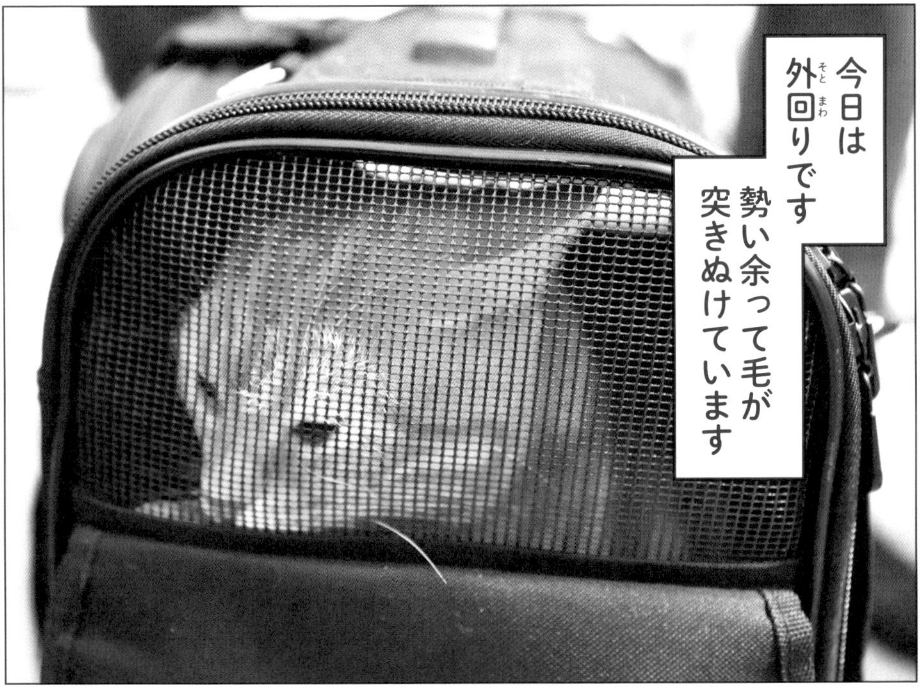
今日は
外《そと》回《まわ》りです
勢い余って毛が
突きぬけています

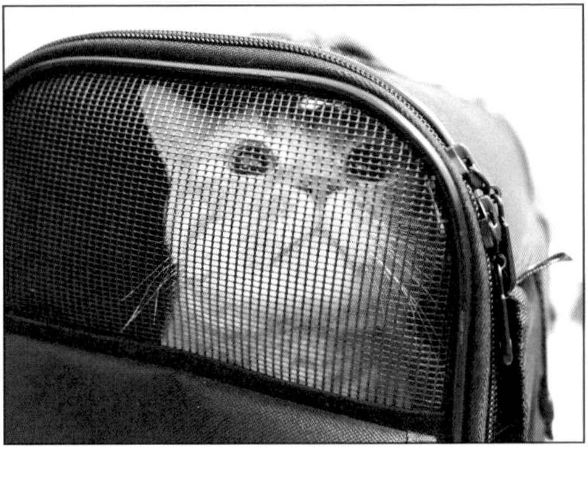

森田さんも
同行です！

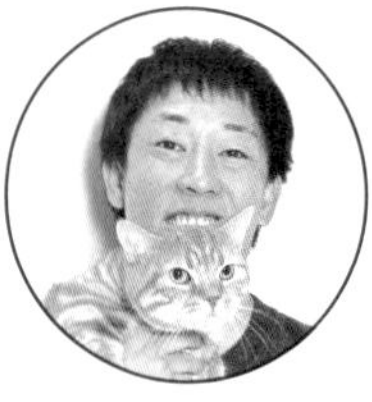

モルック場とは、フィンランド発のスポーツ・モルックの練習場です！　木製の棒・モルックを投げて、
数字が書かれた木製のピンを倒します。先に50点ピッタリ得点した方が勝ち、というルールです。

あれ？　会長も
日本代表目指すんですか？

第14話 はじめてのモルック場

凛《り》々《り》しい…！

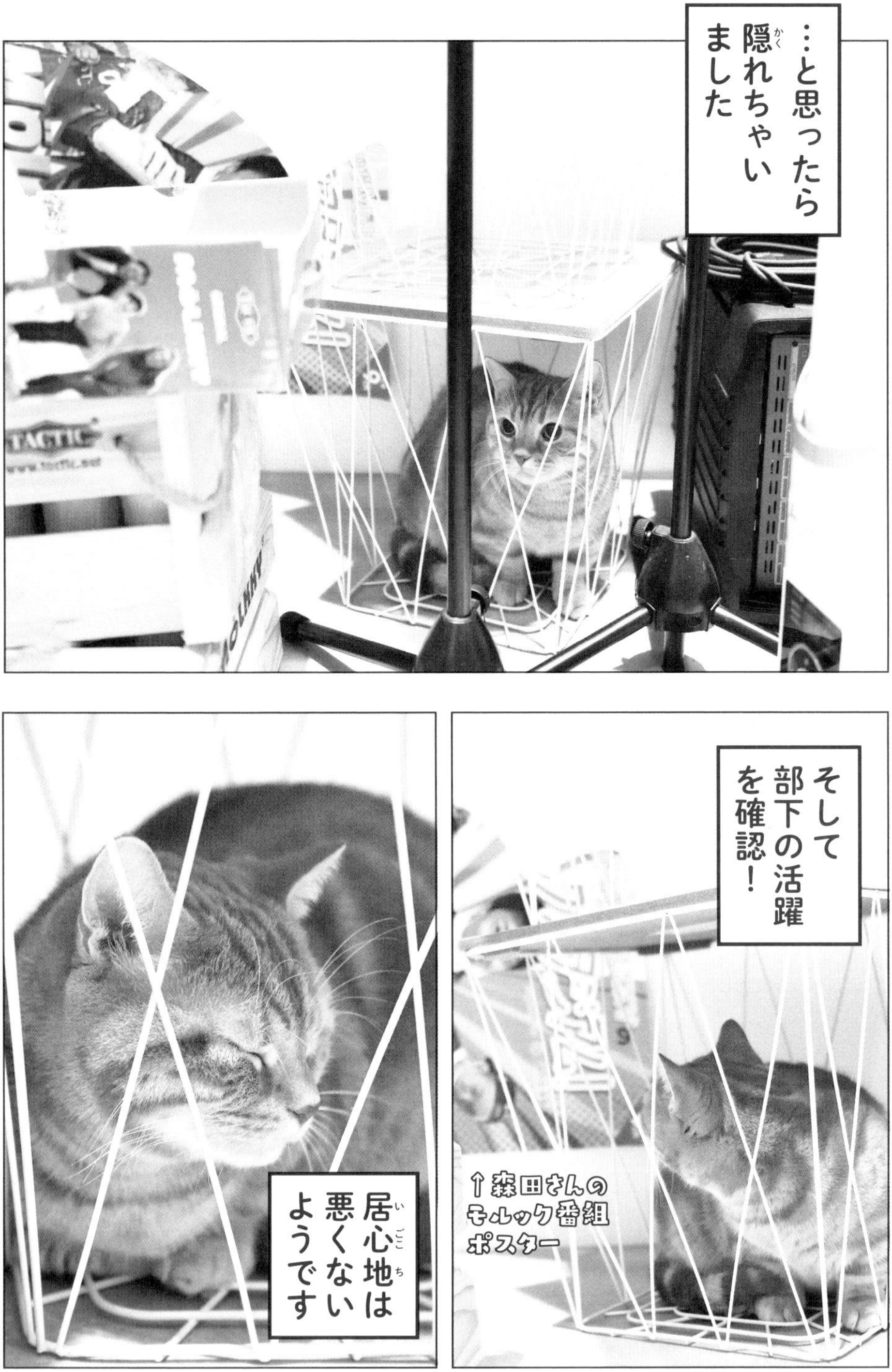
…と思ったら
隠《かく》れちゃい
ました
そして
部下の活躍
を確認！
↑森田さんの
モルック番組
ポスター
居《い》心《ごこ》地《ち》は
悪くない
ようです

第15話 モルックの魅力を伝えたい

む…何かが
オレの上に

モルックが
好きな社長と
意地でも出ない
会長
ここが
おちつく…

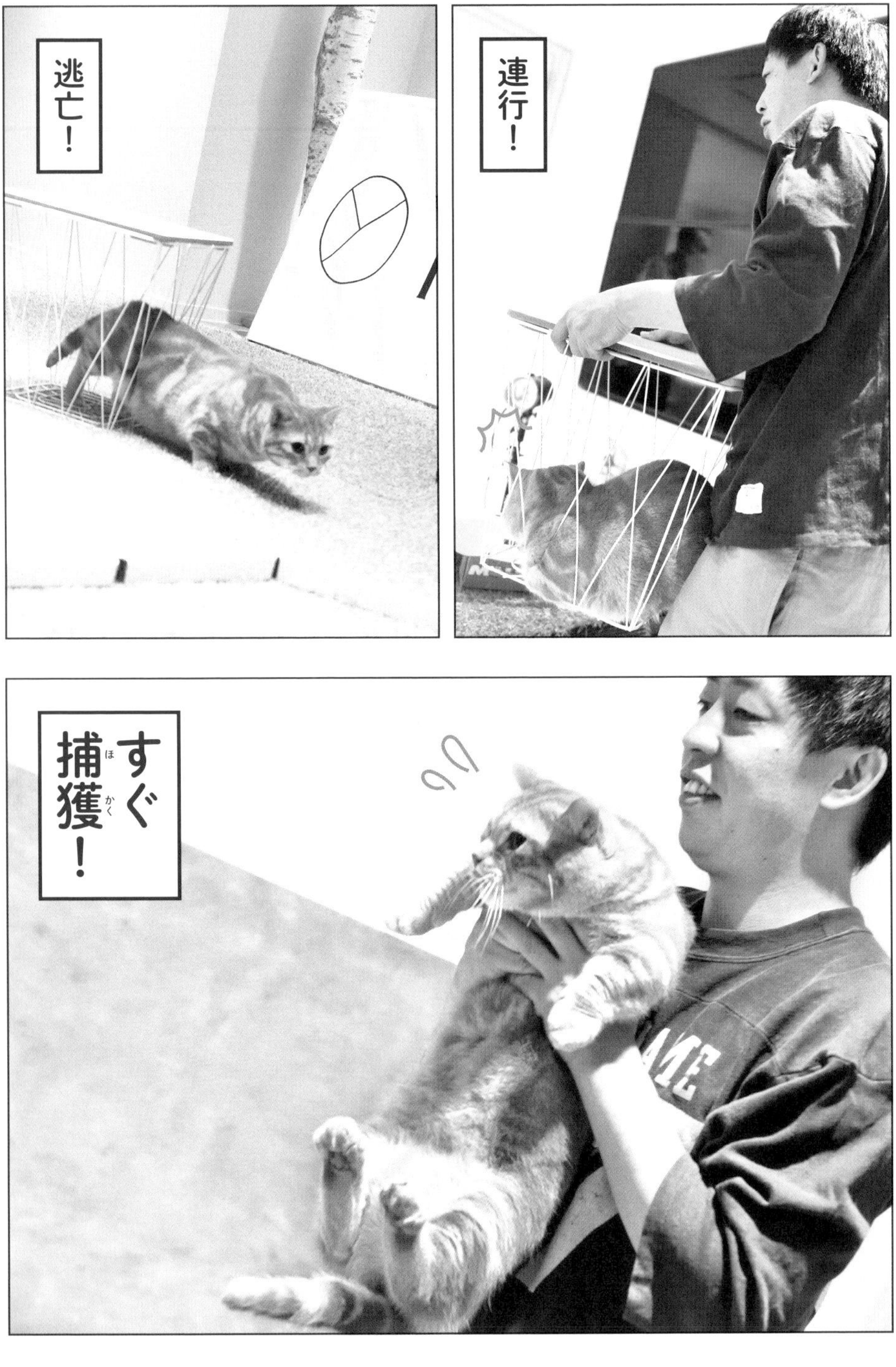
連行!
逃亡!
すぐ
捕《ほ》獲《かく》!

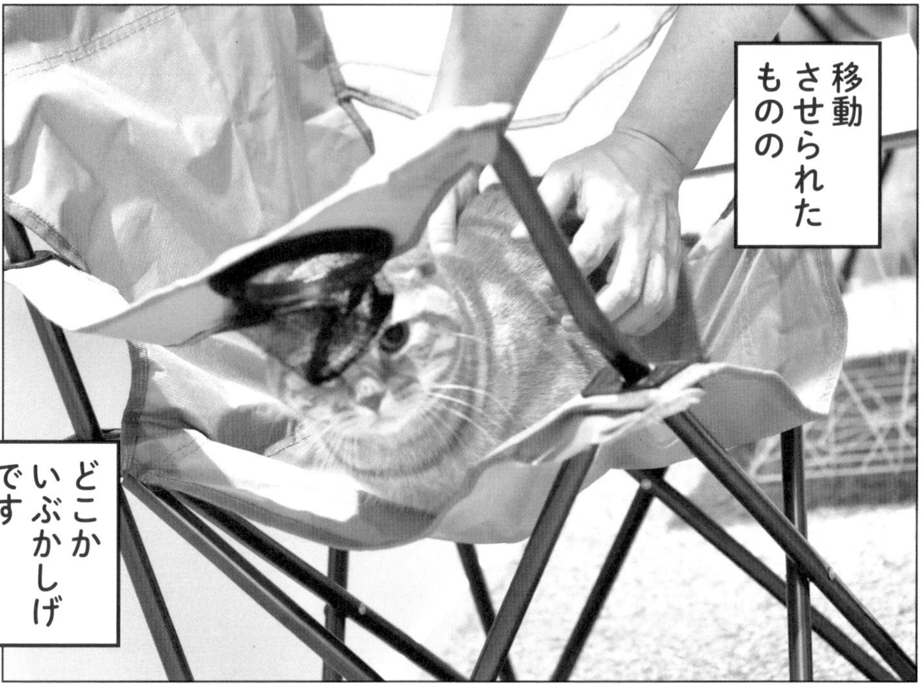
移動させられたものの
どこかいぶかしげです

モルックっていうのはまずこうして…
モルックに興味なし
ぷいっ
YOSEIDO

定位置
決定
しました

第16話 いたずらされる会長

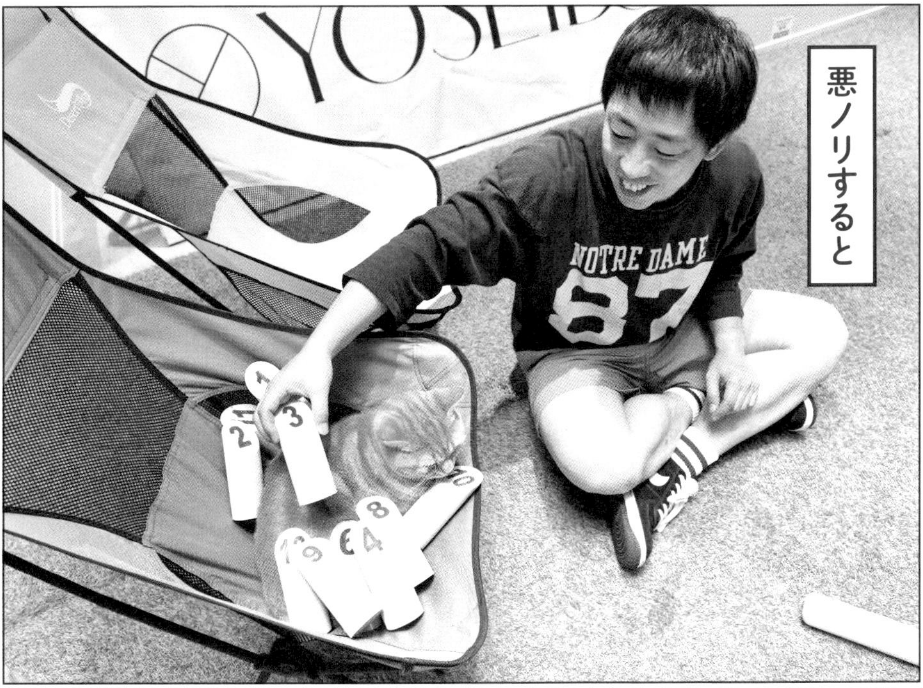

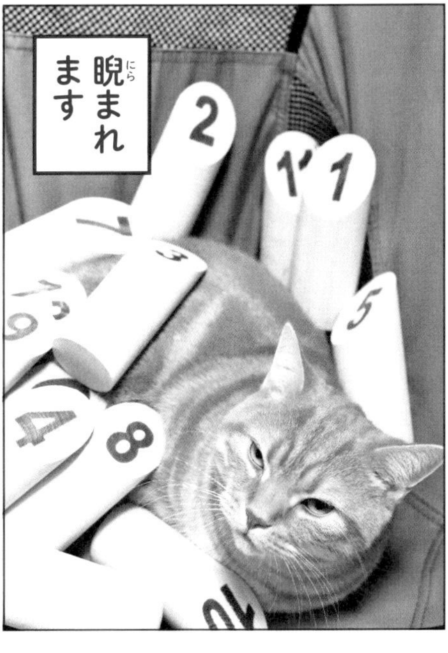

会長！
どついてええで！

第17話　1匹で堪能《たんのう》

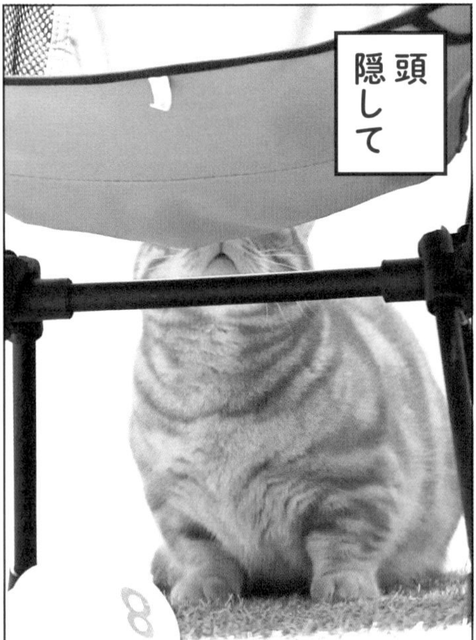

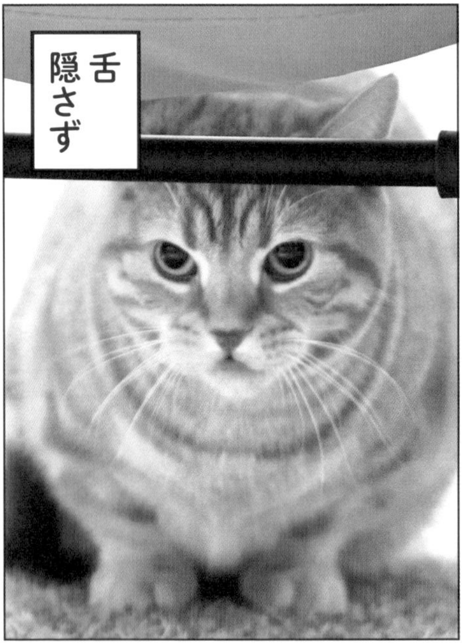

やっと
慣れたのか
遊んでいます

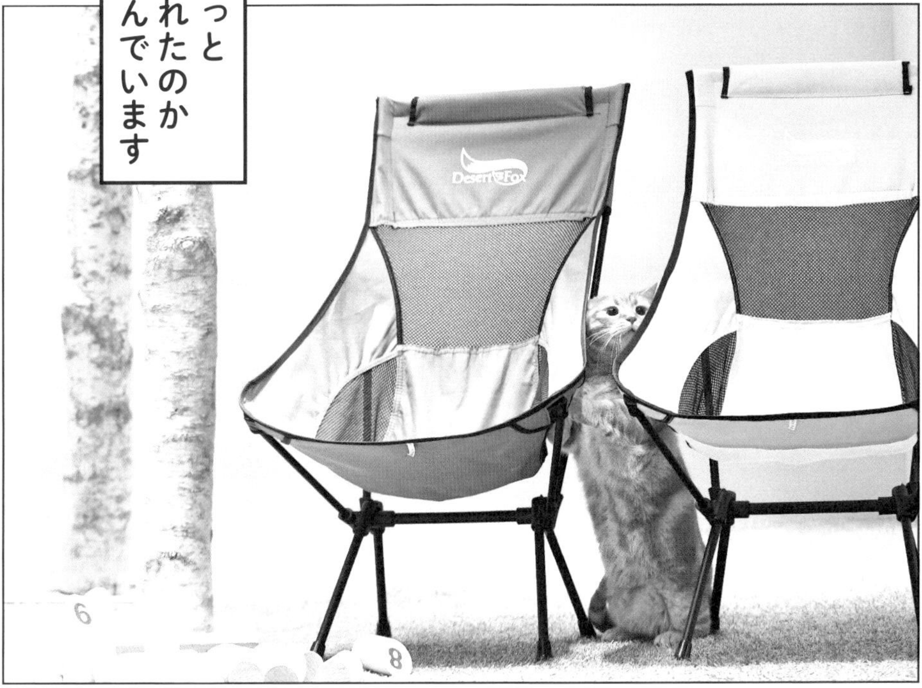

ふんばる
会長

トイレを
のぞいて
みます

まだ1回も
していないのに
臭《くさ》そうな
反応です

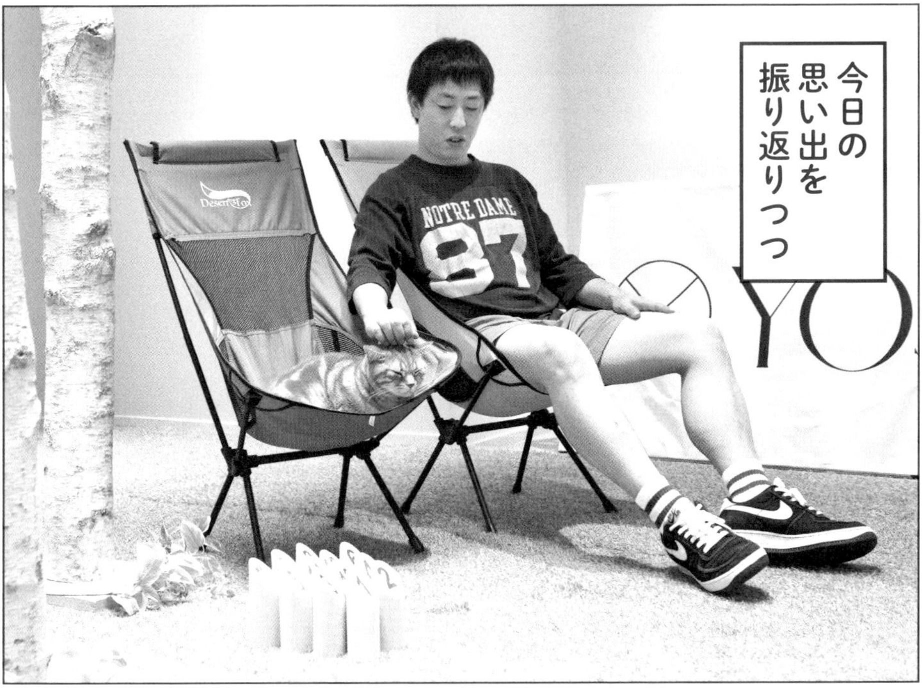
今日の思い出を振り返りつつ
NOTRE DAME
87

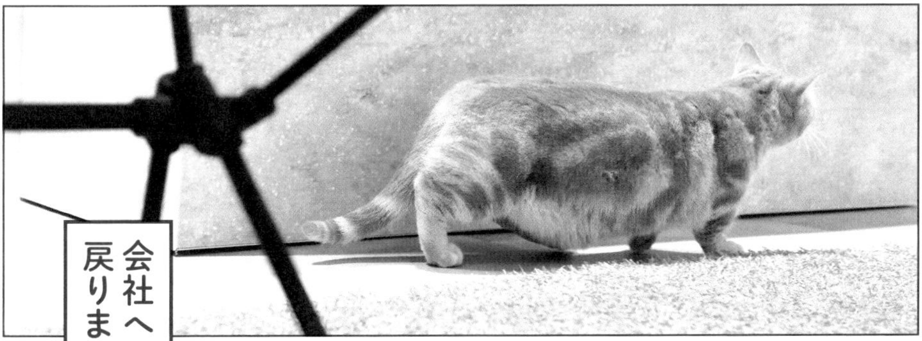
会社へ戻ります

帰って残りの仕事をせねば！

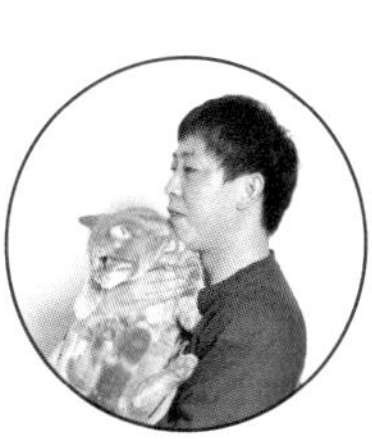

第18話 収録を視《し》察《さつ》

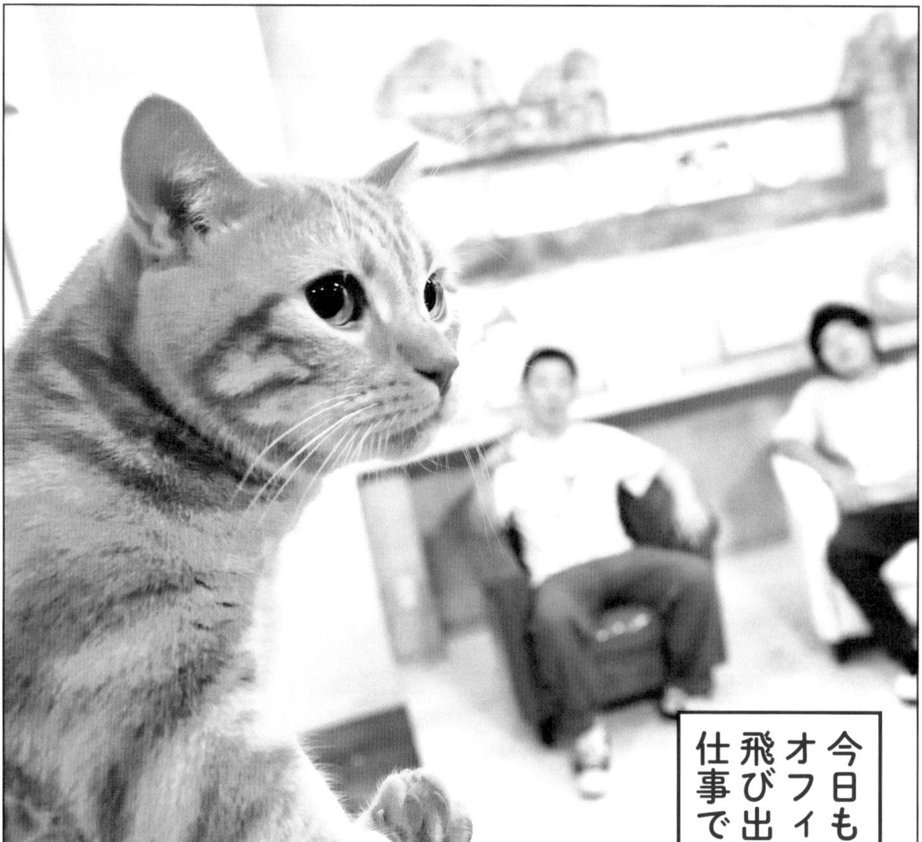
今日も
オフィスを
飛び出した
仕事です

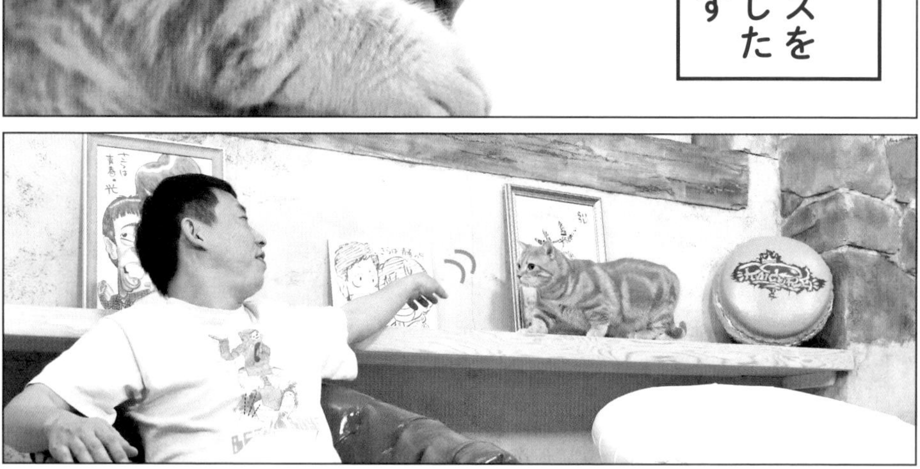

タレント業も
お手のもの

…ではない
ようです
やっぱ無理!

前に出る職業じゃないからと逃走

安全!

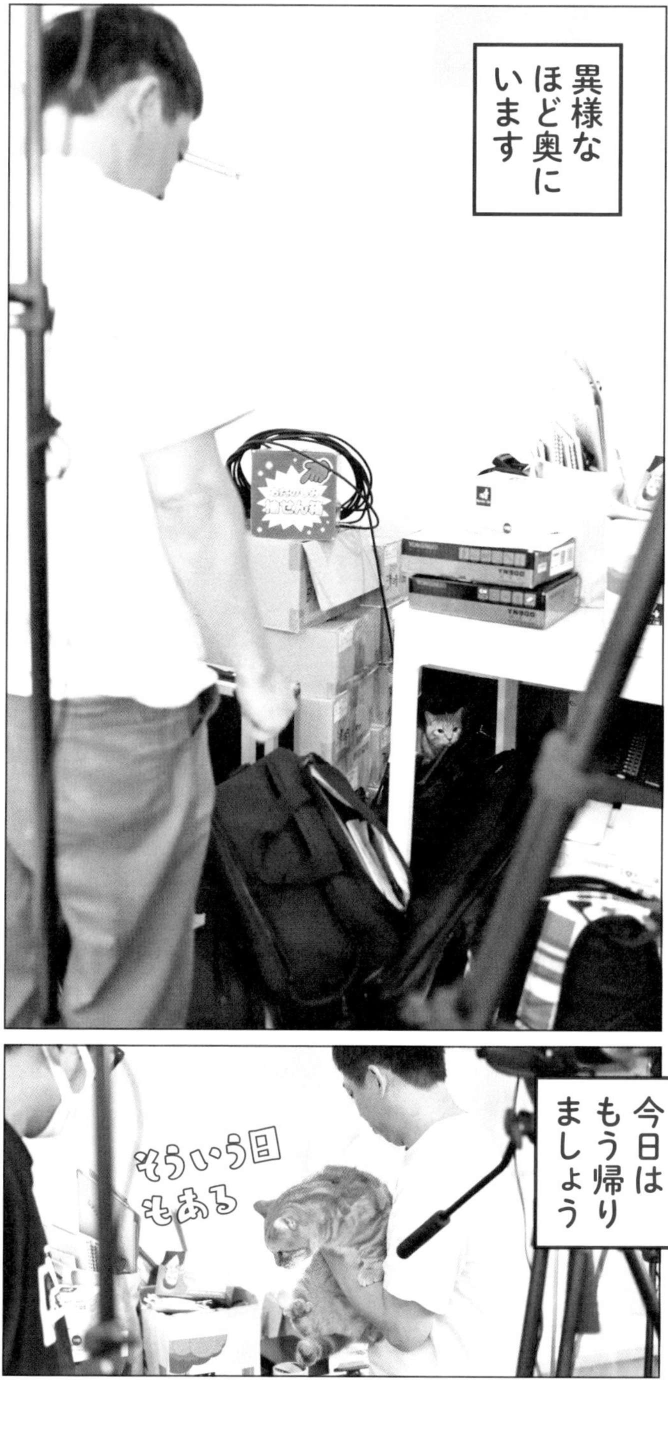
異様なほど奥にいます
今日はもう帰りましょう
そういう日もある

第19話 BARを視察

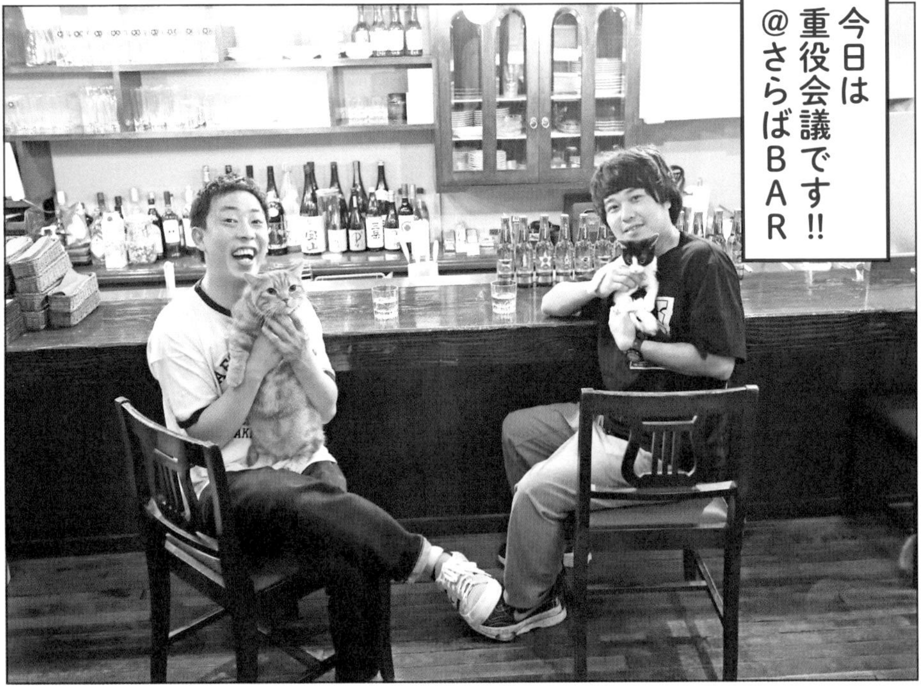
今日は
重役会議です!!
@さらばBAR

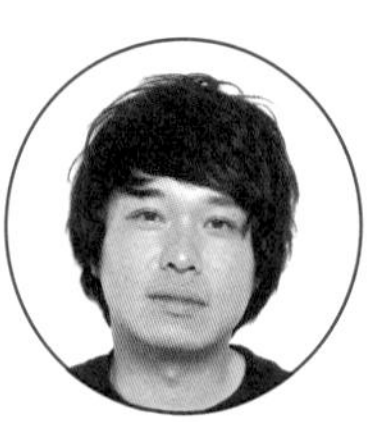

お偉いさんはBARが似合いますね!

五反田にある
さらばBARは
さらば青春の光が
運営しています

2匹の
初の視察も
兼ねてやって
きました

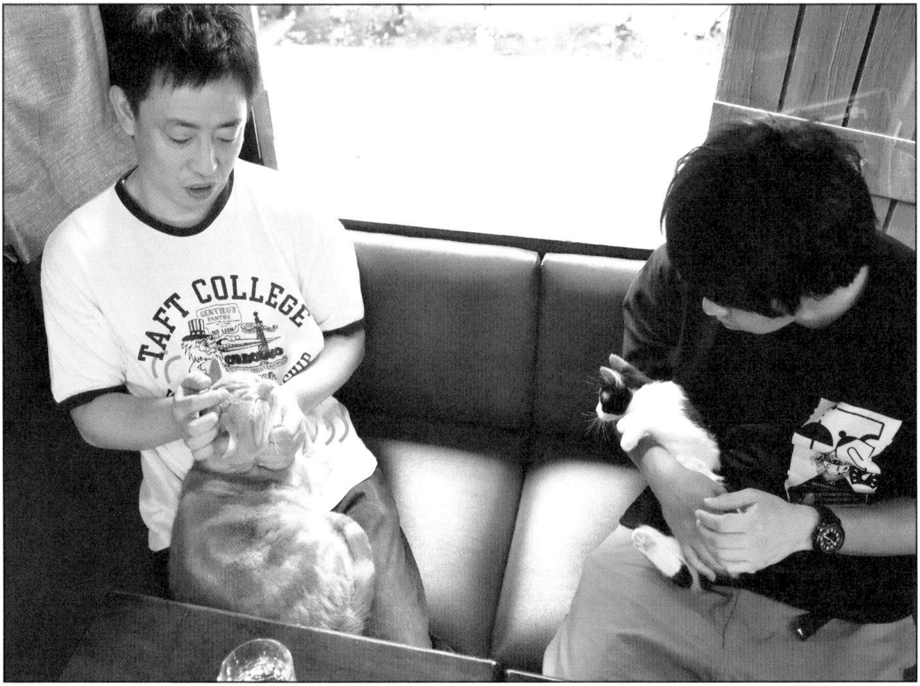
TAFT COLLEGE

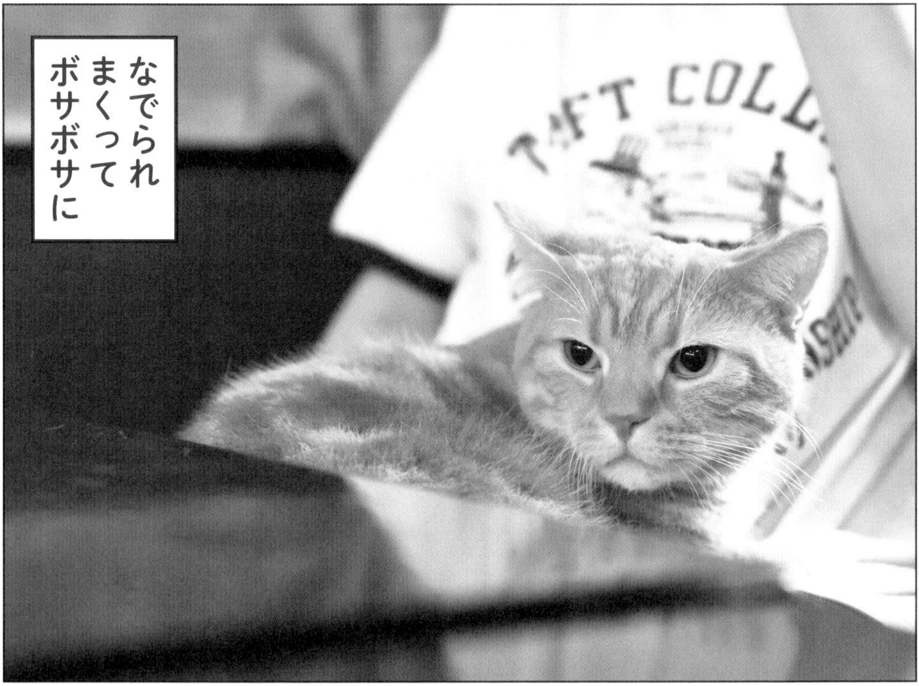
なでられまくってボサボサに

外の景色を見たり

TAFT COLLEGE

社長を見たり
なんだかいい雰《ふん》囲《い》気《き》に…

激《げき》甘《あま》え中
です

一方
専務は

え…
心変わりした会長ブクロさんの方にきました
TAFT COLLEGE

第20話 記念撮影

会長と専務の絵の前で記念撮影
さらばBAR
SARABA SEISHUN NO HIKARI
しかし絵に見入る2匹

必死にちゅ〜るで釣《つ》る大人たち
さらばBAR
SARABA SEISHUN NO HIKARI

さらばBAR
SARABA SEISHUN NO HIKARI

絵より実物の方が
かわいいって
言いたいんですよね！

第21話 対極な2匹

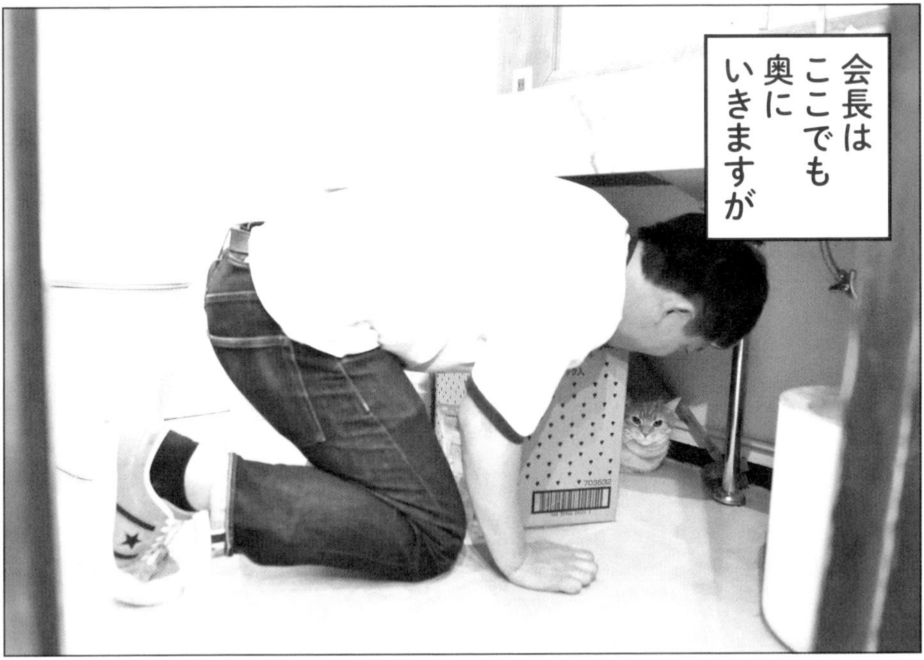
会長は
ここでも
奥に
いきますが

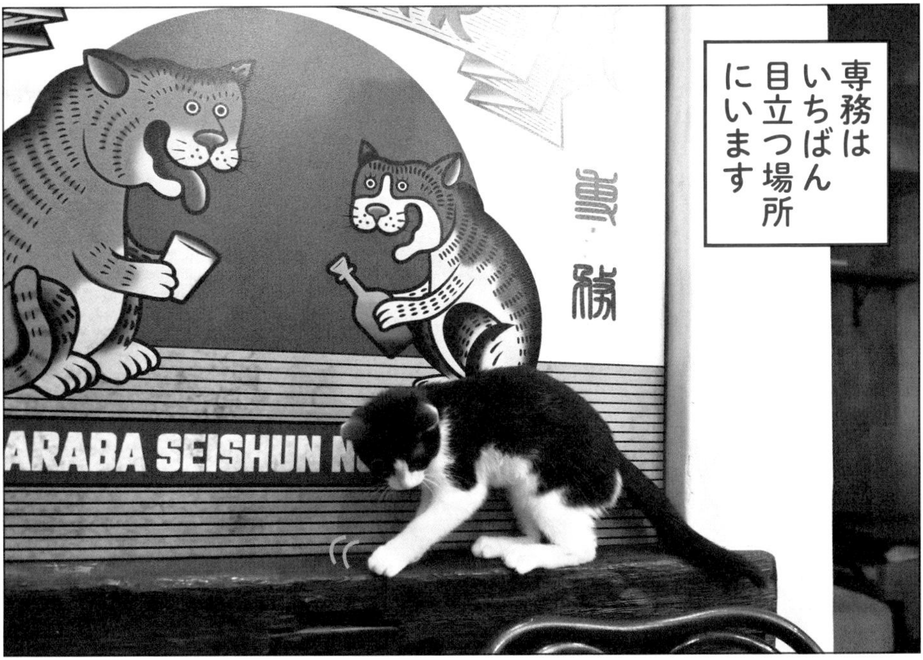
専務は
いちばん
目立つ場所
にいます

会長を
モチーフにした

さらば青春の光グッズ紹介

OPEN COLLAR SHIRTS

¥6,600（税込）

会長が麻雀牌《まーじゃんぱい》をくわえています

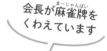

舌を出した会長が
たまりません

VINTAGE KAICHO HOODIE

¥6,050（税込）

TRAD KAICHO L/S TEE

¥5,280（税込）

モルックを
くわえた会長〜

コースター

【会長】4枚セット

¥880（税込）

会長大量発生！
リバーシブルで
使えます

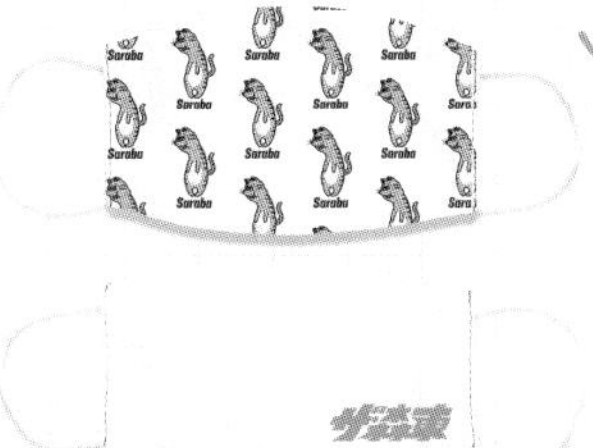

ポリエステルマスク

【会長】

¥1,320（税込）

「ザ・森東
オンライン
ショップ」
にて発売中!!

https://morihigashi.shop-pro.jp/

※一部、売り切れのものもございます。また、再販売することもございます。

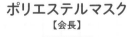

第22話 会社に戻って

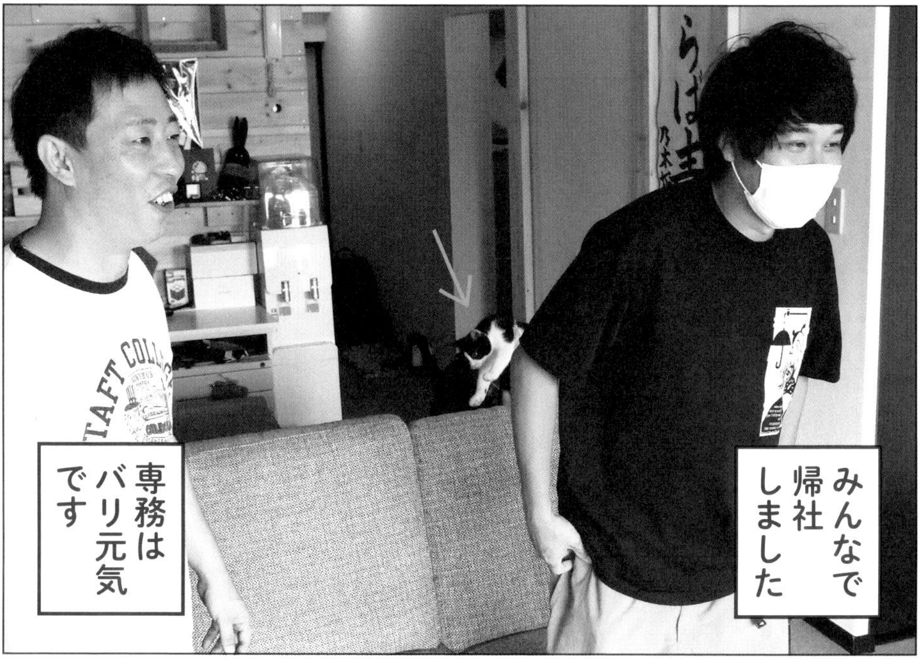
みんなで帰社しました
専務はバリ元気です

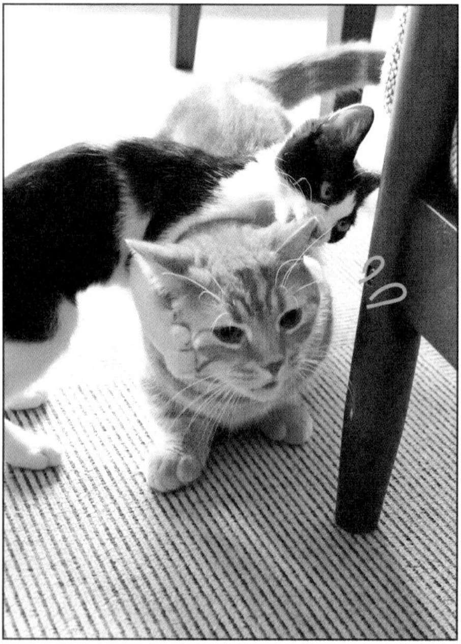

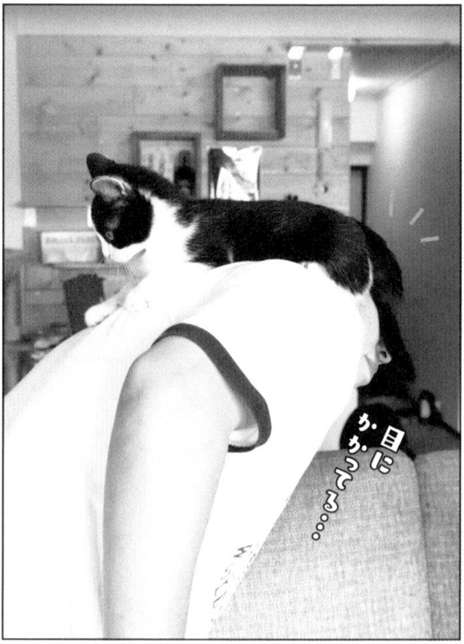
目にかかってる…

これがザ・森東です！
…と写真を撮りたくても

はじまる攻防戦《こうぼうせん》

お尻を振って逃げる会長
ずりずり

会長危《き》機《き》一髪《いっぱつ》！

よし！
気を取り直して撮…
ぐぬぬ…

無理でした

こんな感じの毎日です

…ガン飛ばしてます？

第23話 専務のいる生活

新人女子に
デレデレな
社長

と副社長
専務は
魔性《ましょう》…

森田哲矢による重役8選！

撮影した約5000枚のカットのうち
泣く泣く掲載を断念したものから選んでもらいました！

1.

2.

4.

3.

5.

6.

7.

8.

会長と専務の『らしさ』が
顕著《けんちょ》に分かる写真を中心に選びました。
睡魔《すいま》と闘う会長と暇《ひま》と闘う専務。
なんにせようちの重役たちは
毎日元気にやってます！

第24話 じゃれる

がぶ

戦じゃ〜
…とでも言いたげです

形勢逆転!
ファイティングポーズ
はぁ〜
勝利?

第25話 通じ合う2匹

なんだかんだ
通じ合っているようです

あかん、かわいい。
めっちゃかわいい。
DVDの発売は
いつですか?

この写真集が爆発的に売れて
森東全員が働かず
ねこのようにダラダラと
一生過ごせたら最高っす!

今日も
おつかれ
さまです

会長！　一生ついていきます！

さらば青春《せいしゅん》の光《ひかり》の会長《かいちょう》は
ねこである

2021年12月7日　第1刷発行
定価はカバーに表示してあります

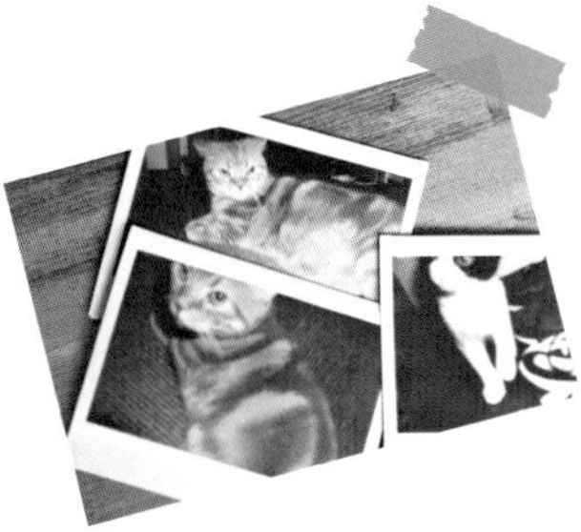

著者 ―― さらば青春《せいしゅん》の光《ひかり》＋会長《かいちょう》

発行者 ―― 太田克史《おおたかつし》
編集担当 ―― 磯邊友香《いそべゆか》
編集副担当 ―― 築地教介《つきじきょうすけ》

発行所 ―― 株式会社星海社
〒112-0013 東京都文京区音羽1-17-14 音羽YKビル4F
TEL 03(6902)1730　FAX 03(6902)1731
https://www.seikaisha.co.jp/

発売元 ―― 株式会社講談社
〒112-8001 東京都文京区音羽2-12-21
販売 03(5395)5817　業務 03(5395)3615

撮影 ―― 為広麻里《ためひろまり》
アートディレクション・デザイン ―― 山田知子《やまだともこ》＋門倉直美《かどくらなおみ》(chichols)
プリンティングディレクター ―― 伊藤宏一《いとうこういち》（凸版印刷株式会社）
フォントディレクター ―― 紺野慎一《こんのしんいち》
校閲 ―― 鷗来堂
印刷所 ―― 凸版印刷株式会社
製本所 ―― 株式会社フォーネット社

協力
―― 専務（株式会社ザ・森東）
―― ヤマネヒロマサ（株式会社ザ・森東）
―― YOSEIDO銀座店 B1F FUTURE LABO
―― らいコレTV（東京メトロポリタンテレビジョン株式会社）
―― さらばBAR

ISBN978-4-06-525810-1　N.D.C.748　95p　21cm　Printed in Japan

星海社
SEIKAISHA